1757

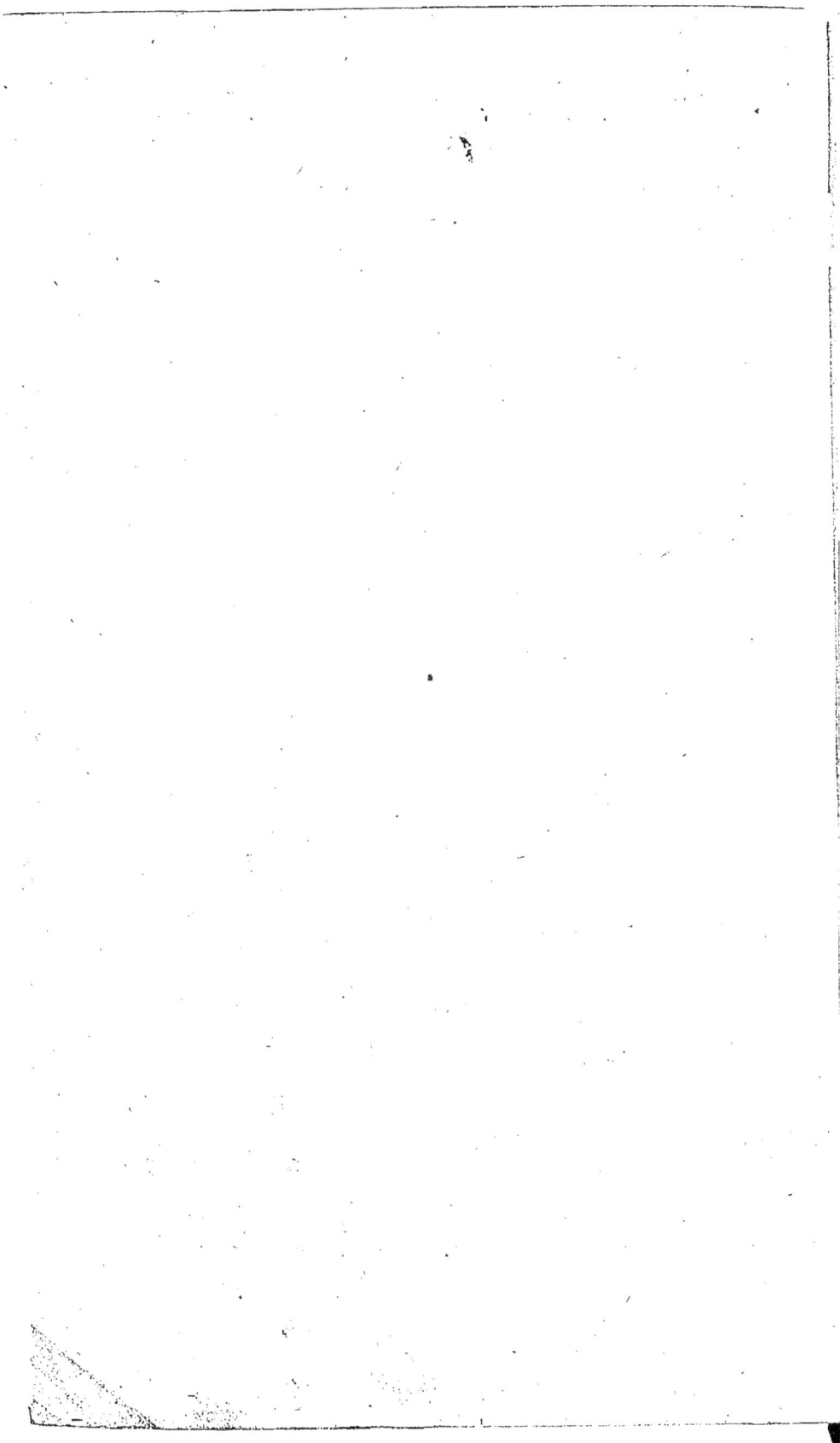

2.

RÉFLEXIONS

SUR

LA PRÉFÉRENCE

QUE L'ON PEUT DONNER

A QUELQUES ARTS

DES ANCIENS

ET

DES MODERNES.

Par Mr. W. BLAKEY, Ingénieur Hydraulique.

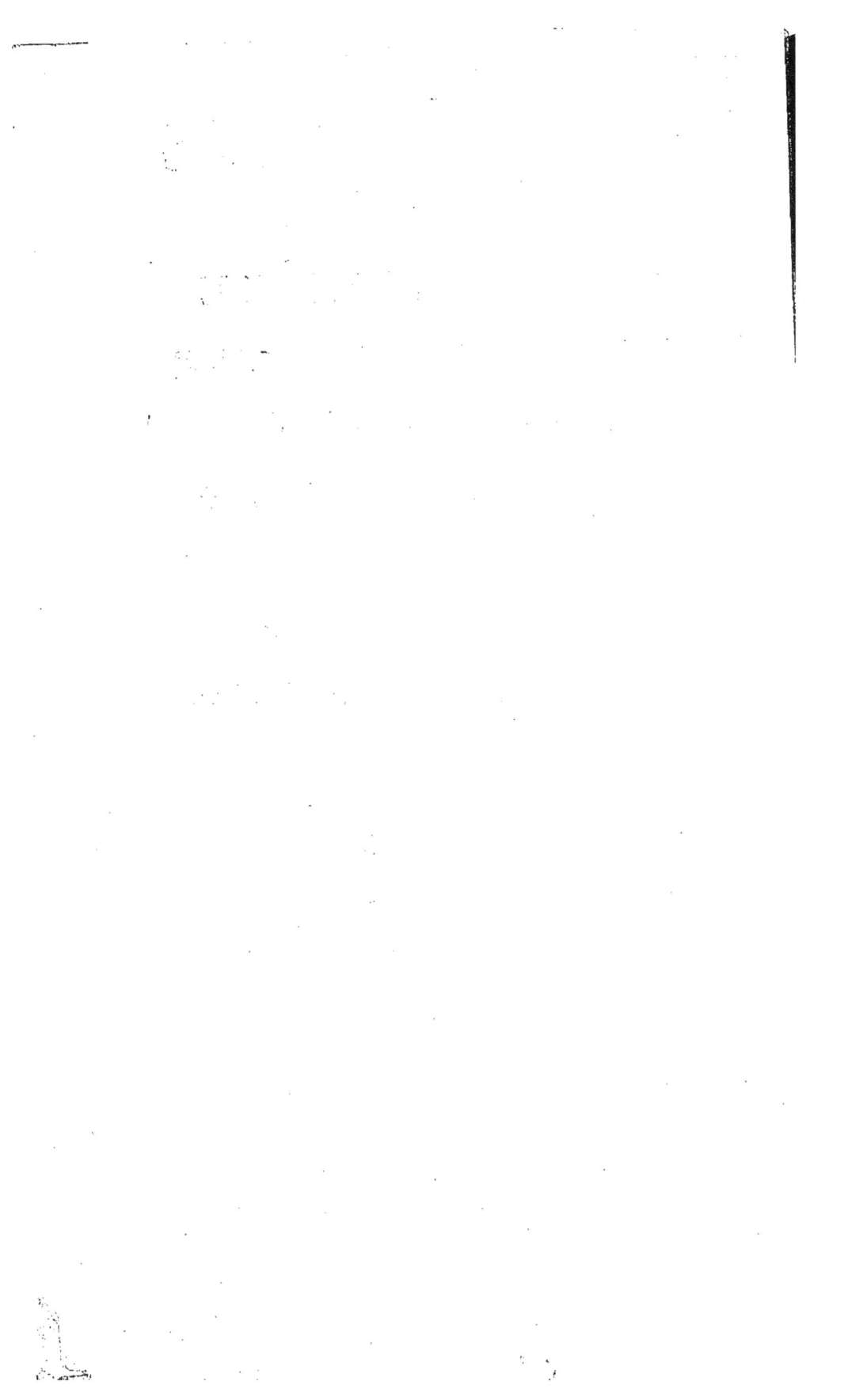

LETTRE AU PRINCE GALIZIN.

Liege, ce 15 Décembre 1776.

MON PRINCE,

J'AI lu avec plaifir l'Ouvrage de mon ami Falconet; je trouve qu'il traite les Encyclopédiftes, comme ils le méritent; parce que tous ces prétendus Lettrés ne font que des ignorants dans les Arts : au moins en eft-il ainfi à l'égard des parties dans lefquelles je fuis un peu initié. Néanmoins l'Ouvrage de Mr. Falconet, ne m'a pas donné de la Sculpture moderne une idée fupérieure à celle que j'en avois. Je ne vois rien chez nous de bien conforme aux regles harmoniques des Grecs; j'y cherche fouvent en vain la majefté, qui frappe d'admiration dans les Ouvrages des Anciens.

Le Tombeau du Cardinal de Richelieu en Sorbonne, celui de la Mere de Girardon à St. Landry, le Milon de Puget, &c. font de beaux morceaux modernes : mais l'on n'y voit qu'une imitation, fouvent outrée de la nature, en marbre brute ou poli, & peu de l'élégance & de la majefté proportionnées au fujet, qui fe font admirer dans les Statues de l'ancienne Grece. Par exemple, le Gladiateur eft comme on peut fouhaiter la belle Nature; l'Apollon a toutes les belles proportions, qu'on peut defirer dans un Dieu de figure humaine; & ainfi de tous les autres chefs-d'œuvres de l'antiquité. Je favois ce que je difois, en parlant d'un ongle du pouce du Nil qui eft aux Tuilleries.

Pour votre fatisfaction, faites deffiner avec exactitude feulement la main de cette figure, & après cela vous jugerez de la vérité de ce que j'ai avancé, en louant les belles proportions, que les Grecs avoient données à leurs ftatues. Je fuis perfuadé qu'ils avoient des regles, & des moyens qui leur rendoient l'exécution plus facile qu'à nous; en forte

A

qu'en comparaifon d'eux nous ne fommes que des tâtonneurs.

Il faut convenir que nos Sculpteurs modernes, fe donnent beaucoup de peine pour être habiles; mais nos Peintres font prefque tous capricieux & fans regle : j'ai entendu dire à D. L. R. que l'Anatomie donnoit un goût d'écorché; auffi les meilleurs Peintres, excepté un très-petit nombre, agiffent fans regle, & ne voient, qu'avec des yeux, dans ce goût-ci ou dans celui-là, fans pouvoir le définir.

Vous direz, mon Prince, que je fuis bien partial en faveur de l'antiquité. Je l'avoue; mais cette partialité eft guidée fur l'expérience qui eft le fondement de toute fcience. Cela ne m'aveugle pas fur ce qu'il y a de repréhenfible dans certains Ouvrages des Anciens : mais le bel Antique furpaffe toujours de beaucoup notre plus beau moderne, pour ce qui eft de la Sculpture, de la Gravure en pierre fine, & de la Peinture; à en juger par ce récit, rien ne peut entrer en parallele avec l'antique.

En fait de Méchanique & d'Hydraulique, perfonne ne s'avifera de le difputer aux Anciens; le compilateur Belidor n'a fait que copier ce que Vitruve a écrit fur les eaux, (Livre VIII. Chapitre, 1—7) en omettant les détails utiles, qui ne s'accordoient pas avec la vanité de faire le favant. Il n'a rien dit de la Méchanique des Anciens, tant militaire que civile, que pour prouver, qu'il ne l'entendoit pas, & fur laquelle il s'étend, jufqu'à donner les defcriptions & les proportions des machines à jetter des pierres, depuis deux livres jufqu'à 250 de pefanteur. (Livre X. depuis le Chapitre 10. jufqu'au Chapitre 21.)

Pour l'Hydraulique phyfique, les Problêmes d'Héron d'Alexandrie prouvent qu'ils avoient des Machines à feu & des Engins capables de mouvoir l'eau par la compreffion de l'air. Ces Problêmes ont de quoi étonner les plus grands connoiffeurs en phyfique expérimentale, malgré ce que Défa-

guliers a dit des Anciens, fur leur peu de connoiffance en Hydraulique.

Notre Méchanique navale n'eft point à comparer
à l'ancienne, excepté dans la manœuvre des voiles.
Tout notre favoir ne confifte qu'en cabeftans pour
lever des ancres, & des moufles pour mouvoir des
vergues & des mats. Les anciens connoiffoient ces
manœuvres mieux que nous, comme les anciens
monuments en font foi : car ils favoient fe paffer de
vent, & fans fon fecours conduire des Armées nom-
breufes par-tout où il leur plaifoit : témoins quand
Nicias aborda à Catane en Sicile, pour cacher le
véritable endroit où il avoit projetté de defcendre;
& dans la nuit même gagna à la rame, avec fa
flotte, le port de Syracufe, où il débarqua fon Ar-
mée le matin fans difficulté.

Au fiege de Rhodes, Démétrius fit des machines
& des vaiffeaux fi merveilleux, que les plus favants
marins de nos jours n'en ont pas la moindre idée.

Céfar, dans fes Commentaires, donne une defcrip-
tion de la marche de fa flotte vers les côtes d'Angleterre, qui attefte les connoiffances de fes pilotes.

Le même Céfar, au fiege de Marfeille, bâtit un
grand nombre de vaiffeaux de guerre, en peu de
temps, avec du bois qu'il fit couper fur les lieux.

A la bataille d'Actium, chaque gros vaiffeau por-
toit 500 hommes d'équipage; là on voit Marc-An-
toine fe fervir de l'adreffe de fes Rameurs qui hauf-
ferent leurs avirons, comme à un exercice, pour
cacher l'infanterie qui étoit fur les ponts.

Enfin les anciens manœuvroient autrement & plus
adroitement que nous, puifqu'on voit qu'un des
Capitaines du fils de Pompée fit échouer fa flotte
exprès fur la vafe ou les fables, afin d'attirer l'ar-
mée d'Augufte, qui en effet s'avança pour s'en
emparer : mais dès qu'elle fe fut approchée, le capitaine fe dégagea avec fes vaiffeaux, en faifant des
railleries mortifiantes pour les Généraux d'Augufte,
qui étoient pris pour dupes.

Les Anciens avoient une maniere de conſtruire les vaiſſeaux, qui étoit certainement plus méthodique que la nôtre ; leur ſupériorité, en ce genre de méchanique, eſt conſtatée par le rapport de toutes les hiſtoires qui rendent compte du prodigieux nombre de bâtiments qu'ils conſtruiſoient en une ſeule campagne. Cela ne ſe pouvoit faire avec tant de promptitude qu'au moyen d'une méthode facile, guidée par des principes & des connoiſſances fixes ſur la flotaiſon & ſur la marche plus ou moins prompte avec une force donnée. Il n'en pouvoit être autrement, parce que les vaiſſeaux de guerre des Anciens étoient mis en mouvement à force de bras, ainſi qu'il paroît dans toutes les batailles navales qui ont été données ; il falloit donc de néceſſité que les Ingénieurs de marine s'évertuaſſent pour faire aller les vaiſſeaux avec le moins de force poſſible : au-lieu que nos Architectes de marine ont pour maxime que le meilleur vaiſſeau eſt celui qui porte le plus de voiles : maxime moderne & diamétralement oppoſée aux vraies regles de conſtruction qui doivent avoir pour but de faire aller les vaiſſeaux avec le plus de vîteſſe & le moins de force motrice poſſible. C'eſt ſelon ces vraies regles que les Anciens dirigeoient la conſtruction de leurs navires. Nos Conſtructeurs modernes, excepté un petit nombre, ne peuvent pas venir à bout, avec leur nouvelle doctrine, de conſtruire deux vaiſſeaux égaux qui produiſent préciſément les mêmes effets ; qui aillent également avec la même quantité de voiles & qui tiennent la mer également bien ; encore ſont-ils un temps prodigieux à bâtir, & ils gaſpillent une quantité étonnante de bois. L'Amiral Anglois qui s'eſt donné pour légiſlateur en marine, n'en ſavoit pas plus qu'eux ; il étoit incapable de preſcrire des loix ſur ce qu'il vouloit faire ; auſſi ſon ſavoir a été cauſe que les Ruſſes n'ont pas paſſé les Dardanelles, qui n'ont jamais arrêté les armées des Grecs, quand ils ont voulu aller à Bizance.

A l'égard de notre maniere de défendre les places, elle eſt de beaucoup inférieure à celle des Anciens : on en peut juger par les ſieges de Rhodes, de Syracuſe, de Carthage, &c. Qu'avons-nous fait de mieux depuis l'invention des courtines flanquées de baſtions? L'on s'eſt borné à ſavoir qu'une ligne de défenſe eſt de 120 toiſes ou environ. Vauban, Coehorn & les autres n'ont pas paſſé ces limites. Il eſt vrai que Pagan leur prédéceſſeur, avoit conçu qu'en alongeant la ligne de défenſe, on pouvoit défendre plus de terrein avec moins de garniſon ; mais ces idées ont cédé à la routine de pratiquer des mines diſpendieuſes, & de donner un peu plus de hauteur aux ouvrages, pour ſe défendre des ricochets que les François prodiguent, ſans faire grand effet. Avec toutes ces prétendues connoiſſances, les Modernes ne ſont pas ſi forts, ni ſi en ſûreté derriere leurs remparts, que les aſſiégeants en campagne avec leurs batteries mobiles. Enfin l'art de défendre les places à la moderne ne vaut nullement celui des Anciens.

Voilà, mon Prince, bien des aſſertions accumulées en faveur des Anciens. Malheureuſement pour les Modernes elles ſont ſoutenues par des faits inconteſtables, puiſés dans les Hiſtoires les plus authentiques qu'il ſoit poſſible de trouver.

Je conclurai qu'en joignant les connoiſſances poſtérieures à celles que les Anciens nous ont tranſmiſes, nous pouvons nous mettre en état de mieux faire que ceux qui nous ont précédés, & prouver enſuite, par de meilleurs ouvrages, que nous aurons ſurpaſſé nos Maîtres, comme il doit arriver, ſi, à meſure que nous acquérerons des lumieres, nous n'oublions pas les connoiſſances précédentes.

J'ai l'honneur d'être, &c.

W. BLAKEY.

A 3

A M. MAUDUIT, de l'Académie Royale d'Architecture, Profeſſeur de Mathématiques, &c. &c.

Liege, ce 2 Février 1778.

MONSIEUR,

LA Lettre précédente ayant fait dire que j'étois partiſan outré de l'Antiquité, il eſt à propos que je m'explique ici, pour faire voir que ce que j'ai avancé ſur cet objet, n'étoit pas en vue de déprécier les connoiſſances modernes, mais pour faire ſentir ſimplement ma façon de penſer des Anciens : ainſi je repaſſerai une partie de ce que j'en ai dit, & j'y ajouterai mon ſentiment ſur quelques découvertes faites dans les Arts de nos jours.

Je ſuis très-perſuadé que la Gravure & la Sculpture des Grecs étoient meilleures que ce que l'on fait de nos jours, comme il ſe voit de ce qui nous reſte des Ouvrages de ces mêmes Grecs, qui ont été nos Maîtres dans les Arts. Je ſuis également perſuadé qu'ils avoient des regles de proportion ſupérieures à celles dont nos Artiſtes font aujourd'hui uſage, & que leur manutention étoit ſupérieure à la nôtre, tant pour l'exactitude, la préciſion, que pour la promptitude & la vîteſſe de l'exécution.

J'en juge ainſi par la Gravure en pierres fines, (a) & par ce que l'Hiſtoire nous apprend de la quantité de Figures que les anciens Sculpteurs faiſoient ſortir de leurs mains. Je conclus de-là qu'ils avoient

_____

(a) J'ai vu une tête d'Apollon gravée par Birch ſur une cornaline, & qui fit l'admiration de tous les Membres de la Société des Arts de Londres, qui ne pouvoient ſe laſſer d'en faire l'éloge. Si les regles de la Société l'avoient permis, on auroit donné cent guinées à cet habile Artiſte, mais le prix offert pour le concours étoit bien inférieur au mérite de cette belle pierre.

des manieres certaines qui les guidoient, & qu'un de mes amis avoit en partie fait renaître, pour la Gravure en pierres fines. Par le secours de cette méthode des Anciens, il faisoit en creux & en relief, avec une précision étonnante, & copioit les originaux avec tant d'exactitude, qu'on voyoit dans la copie jusqu'aux défauts des outils qui étoient dans les originaux, quand il n'y faisoit pas attention. Enfin sa méthode étoit si facile, que sa servante, fille ordinaire de la campagne, gravoit supérieurement en pierres fines, & beaucoup mieux que les plus célebres Graveurs de Paris. (*a*)

Quant à l'Hydraulique des Anciens, je ne doute nullement, Monsieur, de leur supériorité sur celle des Modernes, témoin ce que dit Vitruve des

---

(*a*) Pour la mémoire de mon savant & ingénieux ami, & pour l'honneur de sa postérité, je ne dois pas omettre ici qu'il se nommoit *Rivatz*, & descendoit d'une des premieres Maisons du Pays de Valais en Suisse. Cet homme d'un rare mérite a fait plusieurs belles choses qui lui ont procuré des jaloux, des envieux, des pillards & des ennemis : ce qui arrive toujours quand un homme fait ce que des gens à prétention ne peuvent comprendre. Ce savant Homme fit sur une pierre ovale de deux pouces & demi, dans son plus grand diametre, la figure de Louis XV. sur un char triomphal à l'antique, tiré par quatre chevaux ; la Victoire lui mettoit une couronne de laurier sur la tête ; les feuilles de la couronne, la ressemblance du Roi, & les seize jambes des chevaux étoient détaillées avec autant de précision, que dans l'original, qui étoit de trois ou quatre pieds de diametre, autant que je puis m'en souvenir.

Cette pierre fut faite pour Mde. de Pompadour, ainsi qu'un beau Singe, pour réduire le sujet en petit quand on dessine. Ils firent l'admiration de toute la Cour ; mais par une suite ordinaire de la jalousie qui y regne, & le peu de mérite que le langage vrai d'un Suisse donne dans les Palais des Rois, cet Artiste est mort sans retirer le moindre bénéfice d'une si belle découverte. Il ne reste plus que quelques fragments de ses instruments, que quelques-uns font passer pour être de leurs productions.

Auteurs plus anciens que lui, & ce qu'il dit lui-même fur cette matiere. Ce que rapporte Defagu-liers des loix qni font agir La Fontaine, de Heron d'Alexandrie, prouve que les Grecs étoient habiles en Hydraulique ; cependant il dit que les Anciens n'avoient pas grande connoiffance dans cet Art, ce qui forme une contradiction manifefte. J'ai entendu pareilles affertions fortir de la bouche de Fergufon, qui donnoit des leçons de Phyfique à Londres.

La maniere d'employer le feu comme force motrice, étoit connue des Anciens, comme on le voit des problêmes de Heron d'Alexandrie, puifqu'il y dit qu'en mettant du feu fur l'Autel, les portes du Temple s'ouvroient. Mais je ne crois pas que les Grecs en fiffent le même ufage que nous, pour fe procurer des forces d'expanfion & de condenfation à un degré auffi étonnant : je fuppofe même que les Anciens n'ont jamais été dans le cas d'employer le feu d'une pareille maniere, faute d'avoir du chauffage en affez grande quantité pour fabriquer & faire marcher de fi grandes Machines. Je fuis perfuadé que les Anglois eux-mêmes n'auroient jamais perfectionné leurs Machines à feu & à levier, au point de produire des forces auffi prodigieufes, s'ils n'avoient pas eu le charbon de terre en auffi grande quantité.

La Méchanique navale des Anciens, Monfieur, l'emportoit certainement fur la nôtre, fi on en excepte l'article des voiles & la maniere de naviger fur l'Océan ; mais en prenant notre marine fur la Méditerranée qui eft le vrai lieu de la comparaifon, on verra que les Modernes font plus embarraffés dans les calmes & les bas fonds que ne l'étoient les Anciens. Qu'on examine la maniere de lever les groffes ancres dans nos vaiffeaux, & l'on verra que nous ne fommes guere plus avancés fur cet objet que les Sauvages, qui commencent à connoître l'effet du levier & d'un treuil pour envelopper une corde plus ou moins groffe,

En comparant la façon des Anciens pour tirer leurs vaiſſeaux à terre, avec ce que je viens de dire, on verra, par cela ſeul, que leur Méchanique navale l'emportoit ſur la nôtre. Nous pouvons le faire en prenant beaucoup de peine, avec nos bateaux ; mais il eſt impoſſible avec des vaiſſeaux de guerre, comme étoient ceux du fils de Pompée. Enfin la Méchanique navale des Anciens étoit non - ſeulement ſupérieure à la nôtre ; mais la conſtruction qui facilitoit de pareilles manœuvres, valoit auſſi beaucoup mieux.

On ne peut pas douter de la ſolidité de nos navires : (a) on doit même les ſuppoſer plus forts que ceux des Anciens. Notre artillerie eſt bien plus forte

(a) Dans la guerre de 1739, il y eut un combat entre un vaiſſeau Eſpagnol percé pour 90 canons, mais qui n'en avoit que 70, ou environ, de 48 liv. de calibre, & deux vaiſſeaux Anglois de ſoixante canons chaque ; les gros boulets de l'Eſpagnol maltraitoient ſi fort les Anglois qu'ils auroient été obligés de céder, ſi un troiſieme n'étoit venu à ſon ſecours : alors le Chevalier de Malthe qui commandoit, fut obligé d'amener & de ſe rendre, encore ne l'auroit-il pas fait, ſi l'équipage Eſpagnol avoit voulu ſe défendre.

Les Capitaines Anglois de retour chez eux firent des plaintes à l'Amirauté, ſur la qualité de la poudre, qui n'avoit fait aucun effet ſenſible ſur le vaiſſeau ennemi. On nomma en conſéquence des Commiſſaires pour faire l'eſſai de la poudre, & la preuve fut en faveur de la poudre Angloiſe, qui étoit d'un dixieme plus forte que celle des Eſpagnols.

D'après cette épreuve il s'agiſſoit de trouver une autre raiſon, pour laquelle les vaiſſeaux Anglois avoient été beaucoup plus maltraités que celui contre lequel ils s'étoient battus. On examina les navires des deux nations, & l'on reconnut que le vaiſſeau Eſpagnol n'étoit preſque pas endommagé dans ſes membrures, qui étoient fortes & en quantité ; au-lieu que les bois des vaiſſeaux Anglois étoient foibles & légers, ce qui décida la queſtion ; & c'eſt depuis cette époque que les Anglois ont donné plus de ſolidité à leurs vaiſſeaux de guerre.

que les catapultes & les baliftes des Grecs. C'eft
elle qui nous a forcé à conftruire nos vaiffeaux à
porportion de la poudre qui fait agir notre Artillerie;
ainfi l'explofion de la poudre, le recule du canon &
la navigation fur l'Ocean, nous ont fait changer la
conftruction de nos navires, & nous ont réduits
à ne pouvoir nous mettre en mer qu'à la voile,
excepté dans de petits bâtiments & dans quelques
cas particuliers fur la Méditerranée.

Néanmoins, malgré la folidité actuelle de nos
vaiffeaux, je doute qu'on pût fe hazarder à les
laiffer s'entrechoquer l'un contre l'autre, comme le
faifoient les Grecs & les Romains; ce qu'ils n'auroient pas fait, s'ils n'avoient été certains des liai-
fons de leurs bois, pour réfifter à de pareilles épreu-
ves. Il eft vrai qu'un bâtiment qui à un éperon en
coin de huit ou dix pieds de long, ne reçoit pas
une fi grande fecouffe, quand fa pointe frappe, que
s'il préfentoit fa proue à découvert; cet éperon
entre peu-à-peu, avec une réfiftance proportionnée
à la bafe du coin; ce qui amortiffoit les coups &
les chocs fur les vaiffeaux des Anciens, le danger
n'étant que pour celui qui recevoit le choc de l'é-
peron. Tout ceci prouve combien la manœuvre
des Anciens devoit être adroite, pour donner ou
pour éviter les coups dangereux; comme on le voit
par ce qui arriva à la flotte de Mithridate, comman-
dée par un Rhodien, & celle des Romains par Lu-
cullus.

Quoique je fuppofe, Monfieur, que les Modernes entendent mieux l'ufage des voiles que les Anciens, je ne voudrois néanmoins pas l'affurer, puifque tous leurs vaiffeaux marchands alloient à la
voile, & que la pratique des voiles ne demande pas
un grand effort de génie & d'imagination. Mais
on ne peut rien décider fur cet objet, l'antiquité
ne nous ayant rien laiffé qui puiffe fixer notre jugement. Tout ce que nous pouvons recueillir des
Anciens monuments eft fi defectueux, que nous

fommes fouvent en peine de deviner ce que l'Ar-
tifte a voulu exprimer. Je crois qu'il en étoit du
temps paffé, comme du nôtre, que les Sculpteurs
ne connoiffoient que leur art, & n'entendoient
pas plus la marine que les Sculpteurs François, qui
font des vaiffeaux en repréfentant les armes de la
Ville de Paris.

Outre les connoiffances bornées des Sculpteurs
anciens qui n'étoient pas vraifemblablement plus
étendues que les limites de leur art, ils fe donnoient
des licences comme les nôtres. Ils cherchoient les
effets pittorefques, fans trop s'embarraffer de l'ex-
preffion de la vérité du fujet; outre la difficulté qu'il
y a de bien rendre la nature dans un bas relief.

Notre maniere de conftruire les vaiffeaux n'eft
pas affurément auffi bonne que celle des Anciens;
parce que par-tout où l'on aille, on ne trouvera
point de regle fondée fur des principes certains :
les feuls Hollandois font ceux qui ont fuivi une
marche conftante, que le local de leur pays leur
a indiquée. Le même échantillon a paffé de pere
en fils : chaque Province a fa méthode particuliere
fuivant le local : auffi perfonne n'a conftruit des
navires pour avoir plus de parties relatives aux
befoins que les Hollandois, fans gafpiller leur bois
comme les Anglois & les François. La méthode
de conftruire les vaiffeaux dans les Pays-Bas, fera
toujours l'admiration des véritables connoiffeurs en
marine.

Néanmoins, malgré la beauté de cette conftruction, on voit qu'ils ont plus travaillé pour leur com-
modité, que fur les principes de la vraie conftruction : auffi ne conftruifent-ils pas avec autant
de promptitude & de célérité que les Grecs, les
Romains & les Carthaginois. Chez les Anciens les
grands Hommes s'occupoient de l'Architecture navale, comme Démétrius, Ptolomée, Heron, Céfar, &c.

Il eft vrai que nous avons des connoiffances dans
la marine que les Anciens n'avoient pas : nous

allons nuit & jour, des mois entiers, fans voir la terre, fans nous déranger de notre route. L'expérience nous a montré comment aller à mi-canal (*a*) au Cap de bonne Efpérance, à la Chine, en Californie, & avec le même vaiffeau par le Cap Horn, & à faire le tour du globe. Enfin on eft parvenu dans la marine à un grand degré de perfection ; mais néanmoins la marine moderne a befoin de connoiffances plus étendues fur la longitude : elle manque de bonnes cartes marines, pour connoître les côtes & les fondes ; elle manque de favoir conftruire pour aller vîte avec de petites voiles, & pour tirer peu d'eau, afin d'approcher de la terre plus facilement & fe tenir en rade fur de plus petites ancres.

La maniere de mefurer le temps des Modernes leur fait un honneur infini. Les horloges à eau des Anciens ne peuvent fervir en temps de gelée ; les fables des Grecs ne font pas non plus comparables à nos horloges les plus groffiérement fabriquées avec nos régulateurs fufpendus. Nos horloges à fecondes font perfectionnées à un point qui n'a pas même été imaginé par les Anciens, qui étoient bien éloignés de penfer que des horloges auroient pu marcher avec plus de régularité que le Soleil ; & pendant des années entieres fans fe déranger d'une minute ou deux, dans le cours d'un an. Si nos horloges à balancier, ou avec tout autre régulateur, étoient auffi parfaites que celles à régulateurs à fufpenfion, nous aurions la longitude fur mer avec plus d'exactitude que celle que l'on trouve par terre d'après les obfervations aftronomiques.

Je penfe auffi, Monfieur, que nos étoffes font fupérieures, en qualité & en variété, à celles des Anciens, à en juger par ce qu'on en lit & par les draperies des Statues qui nous reftent. Ils avoient

---

(*a*) *Mi-canal* veut dire, faire route fans voir les terres de l'Amérique & de l'Afrique avant d'arriver au Cap.

néanmoins auffi des couleurs variées, comme on
le voit dans Vitruve, quand il parle du vermillon
& du vif-argent, L. VII. Chap. VIII. enfeignant
que *quand il y a de l'or dans les robes ufées, on
en brûle les lambeaux dans un pot de terre (ou
creufet,) après quoi on jette les cendres dans l'eau
où on a mis du vif-argent.*

Cette méthode de recueillir l'or de Vitruve, fait
voir qu'il entendoit l'Art du départ des Orfevres,
comme on le pratique aujourd'hui ; qu'il entendoit
auffi bien d'autres manipulations : mais comme fon
fujet ne demandoit pas qu'il traitât plus particuliére-
ment de ces matieres, c'eft pourquoi nous n'avons
pas appris grand'chofe, ni par lui ni par d'autres Anciens, de ce qui fe faifoit relativement aux métaux
& aux mines.

Je hafarderai néanmoins de dire que les Anciens
ne fabriquoient pas le fer auffi gigantefquement que
nous. Il femble que l'on voit quelque chofe de leur
travail dans la maniere de fabriquer le fer dans l'Ifle
de Corfe, & qui nous a été très-bien donnée par
Mr. *Du Coudrai*, Capitaine au Corps d'Artillerie.
J'ai vu néanmoins dans un endroit de l'Angleterre
une méthode de raffiner la gueufe de fer, plus
fimple encore dans fon opération, que celle de
l'Ifle de Corfe & imaginée par un Moderne.

J'ai dit, Monfieur, que les Anciens défendoient
mieux leurs Places que les Modernes ; & il ne
pouvoit en être autrement, parce que les armes
des Anciens pour l'attaque, étoient inférieures à
celles des défendants ; au-lieu que les affiégés de
nos jours courent plus de danger derriere leurs
remparts, que les affiégeants dans leurs tranchées
à la campagne : en forte que je dirai que les Modernes attaquent infiniment mieux les Places que
les Anciens ; & il en fera toujours de même jufqu'à ce que nos Ingénieurs trouvent le moyen de
faire faire des armes faciles à manier, afin de dou-
bler & tripler les lignes de défenfe : alors les af-

fiégés feroient en état de préfenter un grand front d'Artillerie plus forte que les affiégeants ; ce qui changeroit naturellement le principe de fortifier, & empêcheroit les affaillants de faire des approches comme on en fait aujourd'hui.

Vous voyez, Monfieur, que, quoiqu'on m'ait foupçonné d'être partifan aveugle de l'Antiquité, je ne laiffe pas de voir la fupériorité des Arts où elle fe trouve, & d'avouer que nous avons fur l'Antiquité un grand avantage & une félicité dont elle n'a jamais joui, quand nous n'aurions que la forme de nos gouvernements : gouvernements fages, gouvernements humains, qui ont aboli l'efclavage des hommes en Europe ; excepté chez quelques Souverains barbares, qui s'aveuglent fur leurs vrais intérêts. Mais nous avons encore autre chofe qui augmente notre bonheur & nous éclaire dans les Arts & les Sciences : la découverte admirable de l'Imprimerie, qui eft pouffée à un fi haut degré de perfection, qu'elle nous peint fi parfaitement la nature qu'elle nous donne une idée de la perfection plus ou moins grande de tous les originaux qui la compofent. Enfin cette perfection a été pouffée fi loin dans notre Siecle qu'on a imprimé des tableaux. Mais comme cette derniere branche de l'Imprimerie eft connue de peu de perfonnes, & que je pouffe l'enthoufiafme pour les hommes de génie auffi loin qu'il eft poffible, je donnerai une idée de cette belle découverte ; & fi mon travail pouvoit engager les Artiftes à perfectionner ce beau talent, je m'en croirois très-récompenfé, n'ayant rien de plus à cœur que l'avancement & la perfection des Arts & des Sciences.

Je dirai à la gloire éternelle du Miniftere François de 1738, qui honora d'une penfion honnête & d'un privilege exclufif le Sieur *le Blond*, Inventeur de l'Art d'imprimer les tableaux dans les trois couleurs primitives, le Jaune, le Rouge &

le Bleu, dont les mixtions à propos peuvent former toutes les teintes qui font dans la nature.

Francfort fur le Mein eut l'honneur d'être la patrie de cet homme de génie : il fut deftiné par fes parents à la Peinture ; il voyagea en Italie pour s'y perfectionner. Ce fut là qu'il combina la mixtion des couleurs opaques à un degré fupérieur de perfection : & je fuis perfuadé que jamais perfonne ne donna, comme lui, des regles pour former les vraies teintes harmonieufes de la nature, en tel nombre & telle variété qu'il defiroit, ainfi que les couleurs acceffoires de reflet. Perfonne n'a mieux connu les regles des belles proportions des Sculpteurs de l'Antiquité que *le Blond*.

De retour dans fon Pays natal, il n'y demeura pas long-temps, il paffa en Hollande où il travailla à fon Imprimerie en tableaux ; mais il ne parvint pas au degré de perfection auquel il afpiroit, parce qu'il ne trouva pas de Planches de cuivre propres à prendre & à rendre les couleurs, comme il le defiroit. Ces Planches fe faifoient en Angleterre pour l'efpece de gravure nommée *Mezzotinto*, ou Art noir, ou maniere noire.

Le Blond paffa à Londres, où fon Art fit grand bruit, tant pour fa nouveauté, que par l'idée de la fupériorité du génie qu'il falloit néceffairement avoir pour le mettre en exécution. Il écrivit un petit Ouvrage fur fa découverte, où il inféra quelques Planches anatomiques, avec une tête de jeune fille, qui firent l'admiration du Public. Il fit enfuite plufieurs tableaux, un Enfant-Jefus d'après Rubens, un portrait de Vandyck, un autre de Rubens, une defcente de Croix que j'ai achetée à Londres, fans compter beaucoup d'autres Pieces que je n'ai pas vues. Enfin cet homme eut le fort de beaucoup d'hommes de génie, qui ont des entreprifes au-delà des forces de leurs finances ; il ne gagna rien en Angleterre. Il paffa en France où il fut accueilli, comme je l'ai dit. Il avoit alors 68 ans.

Il trouva à Paris du monde pour l'aider, mais c'étoient pour la plupart des jeunes gens qu'il devoit enseigner. Ses Graveurs firent des portraits & celui du Cardinal de Fleuri; mais comme ces jeunes Artistes n'étoient pas au fait des couleurs, ces portraits n'eurent pas le degré de perfection qu'il auroit désiré. Un jeune Peintre de ses éleves fit aussi le portrait de Louis XV. d'après un buste, chez lui, mais il avoit la dureté de la Sculpture, faute de savoir accorder les couleurs à la gravure.

L'ingénieux le Blond eut des difficultés avec ses Graveurs & avec son Peintre. Ce dernier n'aimoit que la composition en Histoire, & ne vouloit point copier des portraits; de sorte qu'à mon grand regret, je vis perdre, pour ainsi dire, l'Art d'imprimer les tableaux, malgré tous les mouvements que je m'étois donné pour procurer des machines propres à former des fonds égaux pour les Planches qui auroient duré plus long-temps, & qui auroient pris & rendu les couleurs d'une maniere plus conforme à la Peinture.

Enfin le pauvre le Blond est mort âgé de 70 ans, comme un Philosophe qui se voit frustré du plaisir de pousser son Art ingénieux au degré de perfection où il desiroit de le mettre; mais il m'a laissé la clef de cette Science, qui n'est propre que pour ceux qui la pratiquent. Aussi-tôt que j'aurai le temps, je communiquerai au Public la maniere d'arranger les Planches de façon à bien rendre les couleurs, & à ne pas faire d'arcs-en-ciel sur les contours, comme on le voit sur tout ce qui se fait en ce genre. C'est ce mauvais effet qui retarde beaucoup l'encouragement que devroit donner le Public à un si bel Art.

Je suis, &c.

W. BLAKEY.

Lettre à Mr. MAUDUIT, de l'Académie Royale d'Architecture.

MONSIEUR,

J'AI reçu votre Lettre du 15 Mars, où vous me faites voir que vous avez lu ma derniere avec attention. Je suis de votre avis, mon cher Ami, sur les Sculpteurs du temps de Louis XIV; la figure de ce Monarque fait plus d'honneur à la Place Vendôme, que la figure de Louis XV. à la Place qui porte son nom. On voit dans la premiere un homme *campé*, à cheval de bonne grace, & dont la figure est pleine du feu de l'Artiste, jusques dans les flocons de la grosse perruque du Héros. Je crois pouvoir encore donner la préférence aux Peintres du même regne : Mignard, Le Brun, Le Sueur, chef-d'œuvre du génie François, & le savant Poussin ont surpassé tout ce que les Peintres du temps de Louis XV. ont pu faire de plus beau.

Le goût des modes a dépravé celui du beau; autrement on ne se seroit pas avisé de culbuter les jardins de Versailles, pour y construire des guinguettes, qu'on dit être à l'Angloise; & je ne serois pas surpris de voir pousser l'extravagance jusqu'à bâtir des ruines, en marbre, sur le reste de ce beau jardin, comme j'en ai vu faire en pierre de taille dans un fauxbourg de Paris. Le mauvais goût, (n'en déplaise à vos compatriotes) regne plus chez vous que chez toute autre Nation : les femmes s'y barbouillent de rouge, croyant se rendre plus belles; il y a même des hommes qui poussent la petitesse jusqu'à s'en servir; & tous mettent de la farine, de la graisse, ou du vieux ouin, que l'on décore du nom de pommade, pour rompre les proportions naturelles qui doivent se trouver entre leur tête & leur corps. Je ne doute pas même qu'un jour le Pape n'en fasse autant, pour se rendre beau garçon, tant la

B

mode Françoife domine dans tous les pays du monde.
Enfin les Peintres & les Sculpteurs, qui devroient
être, pour la poftérité, les Oracles du goût, ont les
yeux fi fafcinés, qu'on les voit eux-mêmes affervis à
la mode, s'eftropier avec de petits fouliers, & dire
enfuite qu'ils ne peuvent trouver de bons modeles
pour deffiner.

Perfonne, mon Ami, n'eft plus en état de juger de la belle Architecture que vous; mais je vous
avoue que l'idée que j'ai de cet Art, differe beaucoup de l'opinion générale qu'on en a. L'Architecture eft la clef de toutes les Sciences; je la regarde
comme la fcience d'ériger des bâtiments convenables
aux befoins des hommes; & je n'y reconnois pour
bon que toute la *convenance poffible*, remplie avec
le moins de matériaux qu'il eft poffible, & les plus
durables que poffible. Telle eft, à mon idée, la bafe de
l'Architecture, & je trouve que les François font fur
cet objet bien éloignés des maximes que j'adopte.

En voici un exemple. La Colonnade du vieux
Louvre fait l'admiration de toute la France, & de
beaucoup d'autres Nations : ce n'eft cependant,
fuivant ma regle, qu'un affemblage de colonnes
accouplées, (*a*) pour former la porte & le fronton
d'un bâtiment qui n'a point de convenances : en
forte que, fuivant mes maximes, Perault a fait beaucoup de dépenfes en machines, pour tirer des pierres colloffales des carrieres, & ne faire qu'un fronton dont le comble fait un mauvais effet quand il
eft vu du Pont-neuf.

Il y a une partie d'Architecture qui fait un hon-

____

(*a*) L'accouplement des colonnes rend les Architraves
d'inégales longueurs, par conféquent d'inégale force; ce
ce qui peche contre la maxime de la *durabilité*, puifque
les longues font plutôt détruites par le temps. Quand on
voit obliquement des colonnes accouplées, les diametres
fe confondent. Conféquemment les proportions font ef-
tropiées, & les admirateurs de front deviennent de froids
fpectateurs de côté.

neur infini à la France, & qui, à mon avis, raſ-
ſemble tout ce que l'Egypte, la Grece & Rome
nous offrent de mieux dans leurs veſtiges : ce ſont
vos Ponts. Celui de Neuilli a de quoi frapper d'admiration, en voyant avec quelle facilité on le tra-
verſe, & avec quelle aiſance les bateaux paſſent deſ-
ſous, quand même ils ſeroient auſſi larges que des
vaiſſeaux de 80 canons : ils pourroient même y paſ-
ſer deux de front, ſans courir le moindre danger. Ce
chef-d'œuvre eſt dû à la ſcience du trait, à l'expérience de l'appareilleur, ainſi qu'à l'eſprit entreprenant
de votre Nation, qui a tâté & retâté pour parvenir
au bel Art de conſtruire des arches plus ou moins
elliptiques, avec cet air de grandeur qui donne une
idée de la puiſſance de la France. C'eſt ce qui fait
voir que quand les départements ſont mis ſur un
bon pied, ils parviennent à faire exécuter les ouvrages dans le degré de perfection qui leur con-
vient. Je ne ſais ſi on a eu raiſon de joindre les
Ponts & Chauſſées au département de la guerre qui
trouble & occaſionne la confuſion de la ſociété. Ce
département eſt déja ſi vaſte de lui-même, qu'on a
dû le ſéparer de la marine : le détail ſeul des for-
tifications de la France eſt aſſez conſidérable pour
épuiſer les finances d'une nation ordinaire, ſans y
avoir encore introduit un département qui demande
de la tranquillité & de la réflexion, plutôt qu'un
travail tranſitoire & momentané.

Quant à ce que vous dites des Egliſes, je ſuis
de votre avis ; & j'ajoute qu'il y en a fort peu à
Paris de nouvelle conſtruction, qui ne tiennent de
la décoration théâtrale. Tous les zig-zags qu'on croit
occaſionner de la variété, s'éloignent du ſimple & du
ſublime de l'attribut. C'eſt ſans doute le goût féminin
du temps, qui produit cette puérilité d'imagination.
Les Anciens avoient des guides, pour parvenir au
vrai but plutôt que nous. Ils avoient des attributs qui
déſignoient chaque action de l'ame ; & nous n'a-
vons, pour nous conduire, que le caprice.

B 2

Pour preuve du mauvais goût du siecle de Louis XV, il ne s'agit que de jetter les yeux sur le baroque introduit de son temps dans la Peinture, la Sculpture pour les Eglises, les Palais, les bijoux, les meubles, les voitures. La porcelaine de Vincennes & de Seve a long-temps gémi sous la presse des moules ridicules de ce goût dépravé ; & on en a envoyé jusqu'en Chine, pour faire perdre à l'Asie la simplicité de son ancienne routine. Enfin je crois que si les roues de l'horlogerie eussent été susceptibles d'une révolution baroque, on leur auroit fait exécuter des extravagances de mardi-gras, tant le baroque dominoit dans le temps dont je parle.

Je n'ai point prétendu, mon Ami, que la Physique ancienne fût meilleure que la nôtre ; mais j'admire les connoissances de Vitruve sur le chapitre des eaux ; malgré ce que certains Modernes ont eu la bonté de dire, que les Anciens ne savoient pas faire marcher l'eau, comme ils vouloient, on trouve le contraire dans les 8me. & 10me. Livres de ce célebre Ingénieur & Architecte. On y voit qu'il avoit des connoissances dans l'Histoire naturelle & la Géographie ; que les sources du Nil étoient connues de son temps ; & du nôtre nous n'en savons rien. Nous n'osons passer les premieres cataractes, même avec des escortes du Grand-Caire. Je ne pense pas néanmoins que ce grand homme connût es causes du débordement du Nil, & qu'il sût, comme nous, qu'il y a des vents réglés entre les Tropiques, quoiqu'il connût les douze signes du Zodiac.

Vous dites, mon Ami : *que n'auroient pas fait les Anciens, s'ils avoient connu la pesanteur de l'air & son ressort ?* Je vous répondrai qu'il n'est pas possible de faire une fontaine de Héron, sans savoir que l'air est élastique, & sans connoître l'effet du feu & la dilatabilité de l'air : il n'auroit pas proposé de mettre cet élément sur l'autel, pour faire ouvrir & fermer les portes des Chapelles. Quant à la pesanteur de l'air, je n'en puis rien dire. Torricelli, d'après les indications de Galilée, fut le premier des Modernes qui ait fait des expériences, pour peser l'air, voyant qu'il ne pouvoit afpirer l'eau au-delà de trente-trois pieds. Mais Lucrece, avant lui, avoit prouvé le vuide : Ctefibus & autres ont fait des pompes afpirantes & foulantes ; Archimede a prouvé la gravité fpécifique des corps. Y a-t-il bien loin de là à la connoiffance de la pefanteur de l'air ? Je me garderois bien de décider dans ce cas, comme l'ont fait certains Philofophes de nos jours ; mais il y a toujours eu des hommes qui fe font crus fupérieurs à leurs prédéceffeurs, & il y en aura toujours, comme Vitruve l'a très-bien obfervé, quand il a dit : *Je penfe qu'il naîtra après nous des hommes qui voudront difputer fur la nature des chofes contre Lucrece ; l'Art de la Rhétorique contre Cicéron, fur la propriété de la Langue latine contre Varron ; même il y aura des Philofophes qui difputeront contre les Sages de Grece ; mais les fentences de ces doctes Ecrivains ont plus d'autorité que ces nouveaux venus.* (a) Ne croyez pas pour cela que je veuille dire que nous favons moins de phyfique que les Anciens. Nous avons au contraire profité de ce que les temps barbares ont laiffé échapper ; & nous avons de plus tout ce que les Miniftres du même culte ont bien voulu nous donner, par le canal de leurs affemblées générales à Rome leur Métropole, d'où eft venu le renouvellement des Arts qui ont été cultivés avec plus de facilité, depuis l'invention de l'Imprimerie.

Je vous affure, mon très-honoré Ami, que je n'ai jamais attaqué le plan de l'Encyclopédie : je l'ai au contraire admiré dans l'Imprimé fait en 1704 à Londres, par Harrys, qui en a donné l'exemple, mais qui n'eft rien en comparaifon de l'Encyclopédie de Paris, qui fera un honneur éternel aux Savants de la Capitale du Continent de l'Eu-

___

(a) Vitru. Liv. IX. Chap. III.

rope. Cependant je ne pourrai m'empêcher de dire qu'on y a mal traité les Arts dans lesquels j'ai été bercé. Néanmoins je dirai comme vous, *qu'il feroit à fouhaiter que les Anciens nous eussent laissé une compilation femblable.* Mais il leur étoit impossible, n'ayant pas d'Imprimerie : Art qui nous met à portée de transmettre jusqu'à la derniere postérité, toutes les connoissances qui peuvent se communiquer d'un pole à l'autre, quand il y auroit mille bibliotheques brûlées, comme celle d'Alexandrie.

Comme je vous ai parlé un peu de Peinture moderne, il est à propos que vous sachiez l'effet qu'a produit sur moi le récit des deux Tableaux dont Lucien fait mention, & les réflexions que m'a fait faire une gravure, d'après un tableau d'Heracleum, qui a justement rapport à la Marine, qui est ma science favorite.

Le premier fujet est Alexandre & Roxane avec Epheftion & les attributs de ces personnages. Ce tableau fut montré à la célébration des Jeux Olympiques par Æton, qui en étoit Auteur.

Le fecond est celui de Zeuxis, qui repréfente deux Centaures ; la femelle est dans l'attitude de donner à tetter à fes petits, l'un à la partie humaine, l'autre à la partie cavale, & le mâle qui arrive avec un lionceau qu'il a pris à la chasse. Je vous renvoie, à cet égard, à la traduction de Dablancour, où vous trouverez une meilleure description que je ne pourrois vous la faire ; néanmoins j'ai cru voir du fublime dans le tableau d'Alexandre & de Roxane : Raphaël a fait le même fujet fur la description de Lucien.

Dans la maniere dont cet Auteur peint le tableau de Zeuxis, j'ai cru voir la force de la composition & la beauté du coloris de Rubens, unis à la belle nature que les Anciens favoient si bien rendre : aussi voit-on l'impression que ce tableau fit sur un homme d'esprit tel que Lucien. Pour ce qui est de l'estampe d'après le tableau, trouvée dans les

ruines d'Heracleum, je ne puis m'empêcher de re-
gretter que le Copiste n'entendît pas mieux son sujet, qui est une marine ; néanmoins j'y ai trouvé la
preuve de l'indication que j'ai découverte sur la Colonne Trajane dans les Antiquités du Pere Monfau-
con, il y a vingt ans ; & après y avoir pensé plus
de vingt-cinq, & avoir même fait plusieurs tentati-
ves plus ou moins heureuses. Mais rien n'approche
de la maniere antique d'arranger les rames, tant
pour le gros temps que pour le calme. Et si j'ai
retrouvé cette belle manœuvre, ce n'a été que par
une longue suite d'expériences qui m'ont mis dans
le cas de distinguer une minutie nécessaire au mé-
chanisme général de la Marine. Aussi j'ose faire, en
ma faveur, la comparaison de Phédias, qui, voyant
la griffe d'un Lion, savoit la mesure de son corps. (a)
De sorte qu'en voyant une bagatelle dans la partie
méchanique de l'ancienne Marine, j'ai connu tout
le système des triremes : système qui donne la regle pour aller jusqu'à quarante rangs de rames, comme ils étoient sur le navire de 420 pieds de long
de Ptolomée.

Je suis charmé que vous ayiez lu l'ouvrage de M. le
Roi sur la Marine des Anciens : votre approbation
m'en fait porter un jugement favorable. Quand je
l'aurai lu, je vous en dirai plus amplement ma façon de penser. Je vous prie de lui faire mes remer-
ciements de ce qu'il veut bien m'en faire part. Je
lui enverrai mon Ouvrage à la premiere occasion
que j'aurai.

Je compte ajouter une troisieme Partie à ce que
je vous envoie : elle est transcrite, & je la livre-
rai à l'impression aussi-tôt que les Planches seront
gravées. J'y en ajouterai une quatrieme, lorsque je
pourrai le faire sans me nuire. Vous savez combien
les Pirates m'ont fait de tort chez un Prince pour
qui j'avois commencé un grand modele de Quin-

(a) Hermotime ou les Sectes, p. 245. Lucien, Tome I.

querêmes, qui auroit fait au moins une demi-lieue par heure ; mais ennemi naturel de la dépendance, je fus bien éloigné de faire ma cour à des Valets, &c. & j'abandonnai l'ouvrage.

Je donnerai un jour cette Anecdote au Public, & j'y joindrai des planches, pour non-feulement faire connoître une compofition intéreffante en Machines Hydrauliques que j'ai faite pour le jardin de ce Prince, mais encore pour être mis au nombre de mes expériences, dans mon Traité hiftorique des Machines à feu. Le temps m'ayant appris que le filence méprifant n'eft fouvent connu que de celui qui s'en fert, & qu'il donne occafion aux Geais de fe fervir des plumes qu'ils ont dérobées, comme il arrive aux oifeaux de proie.

Comme j'ai parlé du mauvais goût du temps, je ne puis fermer ma lettre fans vous faire part de ce que Vitruve dit fur ce fujet. *Les Anciens, qui imitoient la nature, font hors de mode, par l'introduction du mauvais goût ; car l'on peint plutôt des monftres & des fantaifies impoffibles, que des repréfentations véritables. C'eft fi vrai, qu'au-lieu de colonnes on met des rofeaux pour frontifpices, des harpies à côté, revêtues de feuillages, & recrêpis de volutes garnies de rofes, &c. Il continue fa critique, & dit que les hommes qui voient de telles folies, ne les blâment pas, mais y prennent plaifir, fans confidérer fi cela eft dans la nature, parce que leur jugement eft débile & obfcurci, ne pouvant difcerner le vrai d'avec le faux.*

Vous voyez, mon Ami, que le pere du grotefque & du mauvais goût étoit au monde il y a plus de dix-huit cents ans, & qu'il avoit fes critiques, comme on peut le voir, plus en détail dans Vitruve même. (a)

Je fuis,

W. BLAKEY.

(a) Liv. VII. Chap. V.

P. S. Ne croyez pas, mon Ami, que je penfe que Vitruve foit l'oracle du toutes les connoiffances humaines, il ne faut que lire fes IX & Xme. Chap. Lib. II, fur les qualités du bois, fans compter plufieurs autres chofes de fon Ouvrage, pour voir que l'analyfe de la Nature & les caufes phyfiques n'étoient pas fi bien connues de fon temps que du nôtre, malgré fa grande & étonnante expérience.

Comme vous êtes un Calculateur par excellence, je vous envoie l'extrait d'une Lettre que j'ai écrite au favant & exacte Abbé de *Loriere*, qui m'a marqué que j'aurois dû me fervir de la mefure Françoife, pour me régler fur le poids de l'Eau & de l'Atmofphere, mais je fuis trop âgé pour changer mes habitudes. Vous direz que c'eft la premiere marque de l'obftination d'un Vieillard, mais pour que vous ne difiez pas que votre ancien Ami n'a point de raifons à rendre pour ce qu'il fait, je vous envoie celles que j'ai écrites à mon aimable Abbé. Je vous les donne d'autant plus volontiers, que vous êtes bon juge en pareilles affaires, & que je fouhaite que la regle que je me fuis formée, foit connue par tout le monde; de forte que je vous réponds que je ne manquerai jamais de la répéter auffi fouvent que j'en aurai l'occafion, tant je defire d'être utile à mes femblables. Je ne reffemble point à cet Homme ambitieux & avare, qui a mille fois plus que l'honnête néceffaire, & qui pour en avoir davantage, fait mettre à feu & à fang fes Compatriotes fous le mafque de fes Serviteurs, qui ont d'auffi bonnes ames que la fienne. Vous me pafferez cette fortie, dictée par un bon cœur contre l'inhumanité : un Anglois ne peut fe paffer de politiquer & de prendre feu, quand on attaque la liberté de fes Concitoyens.

C

Extrait de ma Lettre à Mr. l'Abbé de LORIERE.

VOUS me dites, Monfieur, que je ne devrois pas me fervir de la Mefure Angloife quand j'écris en François : Vous avez raifon & je n'ai pas tort, parce que mon Ouvrage eft auffi écrit en Anglois, & qu'une partie en eft déja traduite en Hollandois ; mais il faut que je m'attache à une Mefure fixe & la plus aifée, d'autant plus néceffairement, que la différence de trois Mefures ne va pas à un quatorzieme de plus ou de moins, ce qui n'eft d'aucune conféquence en Ouvrages Hydrauliques. Je vous dirai de plus, que j'aime les calculs fimples, & que je laiffe à mes amis le foin de faire les fractions & les fubdivifions.

Pour répondre aux objections que vous me faites des 1500 liv. pour une colonne d'Atmofphere d'un pied de diametre, vous faurez que je le fais pour éviter les minuties : ainfi fuppofons que le tau moyen, fuivant votre calcul, eft de 1620, cela ne feroit qu'un treizieme ; bagatelle pour un homme comme moi, qui m'empreffe de trouver les grands effets de la nature.

Mais pour donner quelques raifons de plus fur ma maniere de mettre la colonne d'Atmofphere à 1500 liv., je dirai premiérement que c'eft un compte rond ; 2°. que je ne me trompe pas fi facilement dans mes forces motrices que fi je la mettois à un poids plus grand, & je dois raifonner ainfi en Hydraulique, parce que quand on eft à un cinquieme ou à fixieme près, on compte être affez jufte, tant les frottements & les autres acceffoires qu'il eft impoffible de calculer, vous éloignent de la précifion que vous defirez.

Pour faire voir encore que ma maniere de comp-

ter n'eſt pas ſi blâmable que vous pourriez le croi-
re, vous ſaurez que nos anciens Anglois ont dé-
cidé dans leurs campagnes, *que trois grains d'orge*
feroient un pouce, & que ſoixante grains de froment
feroient une dragme, ainſi qu'une quarte de bierre
deux livres. Voilà, Monſieur, toute la marche Angloiſe : elle me flatte d'autant plus, que cette meſure fait un pied cylindrique d'eau peſant 48 liv.
Or, comptez la hauteur d'une colonne d'Atmoſphere à 30 pieds, vous verrez qu'elle peſe 1440 liv.
Si elle eſt à 33 pieds, elle peſera 1664, la meſure
moyenne ſera de 1562 ; mais comme une colonne
d'Atmoſphere ne peſe pas toujours 33 pieds d'eau,
& qu'elle peſe plus ordinairement moins de 32,
je ſuis autoriſé à mettre ma meſure moyenne à
1500 liv. qui eſt un compte rond & facile pour un
pareſſeux comme moi. Auſſi quand je ſuis à rendre compte du poids d'une colonne d'eau & de la
charge de l'Atmoſphere, j'ai fait mon calcul avant
qu'un fractionnaire ait ſeulement réduit la moitié
de ſon produit en valeur quarrés ou cubes pour
les réduire enſuite en rond ou en cylindres.

Je ne ſais pas ſi vous penſerez comme moi,
mais je n'ai rien vu d'imaginé par des campagnards
pour meſurer leurs grains & leurs bierres, qui puiſſe
approcher d'une maniere ſi commode pour parvenir à une meſure générale parmi les hommes.

On a voulu établir une meſure générale par tout
le globe : certains Savants ont voulu la fixer ſur
l'Ocillation du Pendule, mais cela n'a été qu'un
ſyſtême vague d'un Théoriſte minutieux, plutôt
qu'une idée propre à être miſe en pratique ; parce
que le Pendule change de longueur ſuivant les diſ-
tances du pole & de l'équateur, ſans compter ſon
alongement & ſa contraction, quand il fait froid
ou chaud ; ainſi nos payſans ont bien mieux fait
en prenant un tau moyen à leur portée, & qui
ſe diviſe ſi bien, ſans être obligé d'avoir recours
aux fractions. Auſſi, Monſieur, j'approuverai & me

fervirai toujours de la Mefure Angloife tant que je n'en trouverai pas une plus commode. Néanmoins je ne défapprouve pas que vous vous ferviez du pied François, perfonne n'étant plus en état que vous, &c.

www.ingramcontent.com/pod-product-compliance
Lightning Source LLC
Chambersburg PA
CBHW070746210326
41520CB00016B/4599